目 录

第一部分 故事篇 / 2

第二部分 游戏篇 / 18

第三部分 五花八门 / 34

我是乔治，我出现在书中的各处，准备和你一起阅读。

长故事

追随沙丁鱼！

伊莎贝拉·米诺斯·马丁 马达莱纳·玛多索

太阳的光芒照耀在大海上，水面波光粼粼。
一大群沙丁鱼从大洋中游过，划过一道道水痕，
一路上没发现有什么危险。
沙丁鱼群游向大洋深处，那里有沙子和大块的岩石。

这一群沙丁鱼似乎很团结，但是如果你近瞧的话，
会发现有两条沙丁鱼离大家比较远：
一条是游在最前面的，他充满了活力；
另外一条则小小的，她游在队列最后面。

在前面领队的沙丁鱼，他的名字叫杰克。
队尾那条沙丁鱼总是四处窥视，她的名字叫罗斯。

大洋深处的海水颜色更深，接近黑色。
杰克毫不犹豫地游向了一条窄窄的通道，
所有的沙丁鱼都跟在他的后面。

罗斯感到担心，杰克却不在意。
在他看来，生活就是一场冒险，
害怕并不能避免危险的发生：“我们是鱼，
我们不需要思考，我们只需要向前游！”

罗斯用尽全力大声喊叫，警醒团队里的其他沙丁鱼。
她周围的沙丁鱼开始后退，
但是其他沙丁鱼还是追随着杰克。
这时，黑色的通道马上就要关闭了！
突然出现的一张细网罩住了沙丁鱼们，他们被困住了，无法脱身。
杰克是一条年轻的沙丁鱼，他身手敏捷，轻轻一跃，就从网眼中逃了出去。
但是那些已经感到疲惫的沙丁鱼，就完蛋了……
杰克找到了罗斯和剩下的队友。
罗斯很生气：“你看，这就是逞匹夫之勇的后果！”

杰克沉默了一下，然后又恢复了往日的平静：
“这就是沙丁鱼的命运。我们命中注定会被人类吃掉，
或者被其他动物吃掉，我们无能为力。”

“无能为力，你真这么想吗？”罗斯从来没有这么生气过。
在团队内部，经常会有争论，甚至会发生争吵，
但是从来没有一条沙丁鱼敢这么跟杰克对着干。

幸存下来的沙丁鱼都转过头看向罗斯。

罗斯说道：“亲爱的朋友们，我知道沙丁鱼的生活并不容易，
但是，我也知道我们不仅仅有鱼鳞和鱼骨……
我们还有大脑！”

鱼群中一阵窃窃私语，沙丁鱼们骚动起来：“哎呀呀，罗斯生气了！”
“我们应该更加团结。我们应该想想办法，阻止那些非法捕鱼船到这里捕鱼。我们不能坐以待毙！”
杰克靠过来，露出泰然自若的笑容：“哦，小罗斯，你忘了一件事情——
我们沙丁鱼不会‘坐’！”沙丁鱼们笑了起来。
确实如此，沙丁鱼不会“坐”，罗斯有时候会有些奇怪的想法！
杰克利用这个时机，继续用坚定的口吻说道：“我的朋友们，你们知道，人类是人类，沙丁鱼是沙丁鱼。
人类的法则总会高于我们的法则。
为什么要花费精力去改变不可能的事情呢？
我们只需要游泳就好了，没必要用徒劳的想法把自己弄得精疲力竭。
让我们重新上路吧！”

沙丁鱼们交换了一下眼神：他们需要在杰克与罗斯之间做出一个选择……

“我要追随杰克：人类一直比我们强大，这不会改变，我们也不会停止游泳！”

“我有些不太确定……我觉得人类好像不都是一样的：有一些人觉得海洋是属于他们的，但也有人不这么想……”

“无论如何，我们要是动一动脑子的话，确实能够避免一些危险。我要追随罗斯！”

“我喜欢游泳，我跟着杰克！”

那么你呢，小读者，你会追随杰克，还是追随罗斯呢？

与此同时，在海面上，两艘渔船正在为新一天的捕鱼活动做准备。

一艘渔船向北面行驶，这艘渔船叫“蓝眼睛”，船长是杰克。

（杰克热爱大海，对于他来说，去捕鱼也是没有办法的事情：谁让胡椒烤沙丁鱼这道菜是他的最爱呢。）

另外一艘渔船向南面行驶，这艘渔船名为“皇后”，由船长罗斯驾驶。
（罗斯也很热爱大海：她喜欢看到漂亮的沙丁鱼在渔网中跳跃，她的工作就是捕鱼。）
在大西洋深处，两队沙丁鱼分别跟随着自己队伍的首领。现在大家已经认识他们了：
一个是能说会道的杰克，另外一个是小革命家罗斯。
杰克的队伍向北方游去，而罗斯的队伍则朝着南方游去。

这一天会如何结束呢？

在北边，一张渔网出其不意地捕住了沙丁鱼杰克和他的队员；
在南边，沙丁鱼罗斯和她的一队沙丁鱼同样也落入了渔网之中。
在沙丁鱼罗斯的队伍中，通过计谋，大部分沙丁鱼都幸运地从渔网中逃了出去，
只有罗斯没有逃出去，看来情况有些不妙……

杰克船长将渔网拽了上来，
当他看到被捕上来的是沙丁鱼的时候，显得有些犹豫……
他今天已经捕了很多沙丁鱼了，而法律规定捕鱼是有限额的。
于是他决定将这些鱼放回海里，他向沙丁鱼告别：
“走吧，美丽的小家伙们，回去过你们宁静的小日子吧！”

在南边，罗斯船长发现渔网的网眼中，只有一条小小的沙丁鱼。
而法律对此是有规定的：如果捕到的鱼过小，要将鱼重新放回到海里。
这只被捕到的鱼就太小了。
但是，不幸的是，罗斯船长来到这里就是为了捕鱼的！
她试着将鱼从渔网中抓上来，可是这条沙丁鱼跳啊，跳啊，跳啊……一直不肯就范。
同时在水中，还有其他沙丁鱼在鼓励她，他们的鼓励使沙丁鱼罗斯感到振奋。
她终于成功逃脱了！

就这样，捕鱼者杰克和罗斯分别回到了自己家中，
而沙丁鱼杰克和罗斯继续过他们自己的生活。
“每天我们都会有新的经验和教训。”他们这样想着……
明天又是崭新的一天。

与卡洛琳娜的访谈

文本：伊莎贝拉·米诺斯·马丁　绘图：马达莱纳·玛多索

乔治见到了故事《追随沙丁鱼！》中沙丁鱼罗斯的扮演者卡洛琳娜！随着访谈的深入，乔治看出卡洛琳娜是个很有个性的人，但是乔治对此并没有感到吃惊：能演一条沙丁鱼，当然不会是一个平凡的角色！

乔治 **卡洛琳娜，您好。首先，我想问一问您，在真正的生活中，您的性格是更接近罗斯，还是更接近杰克呢？**

卡洛琳娜 我的性格更接近罗斯，我在这个角色中经常能发现自己的影子。罗斯性格温和、谨慎，同时有很强的信念！她会为他人着想，而不会只想着自己。她漂亮、聪明、善良、慷慨，又很有个性，不肤浅……这些与我都很相像！

乔治 **在这个故事中，您扮演的是一条年轻的沙丁鱼，但是就像您在后台跟我说的，您的年纪大一些……鱼的外表比人类的外表变化要小。那么您在演这个角色的时候，觉得有优势吗？**

卡洛琳娜 我希望您说话的时候，可以谨慎一些。年纪是什么呢？年纪什么都不算！我们比时间更强大。我感觉自己很好。我的朋友们经常对我说，我美得就像一条美人鱼。我现在还能抓住别人的心，您知道吗？我从来都没有失去年轻的热情……（哦，这些记者！）

乔治 **和所有的沙丁鱼一样，您经常旅行，您的职业生涯是国际化的。您真的在《大白鲨》中扮演过角色吗？**

卡洛琳娜 当然了。在这之后，很多电影制片人给我打过电话，邀请我扮演一些角色。我觉得自己闪耀着特殊的光芒，您不觉得吗？您知道小鱼尼莫吗？要知道，那些设计师可是从我身上获得了很多灵感，才创作出了这个动画片中的某些鱼呢……

乔治 **《追随沙丁鱼！》这个故事探讨的是和捕鱼相关的实际问题。您对此感动吗？**

卡洛琳娜 很多鱼不会思考，只知道向前游！而我呢，您知道我现在想要的吗？我想泡个泡泡浴，好好放松一下。您看，罗斯的问题就是她不懂得放松……她应该多玩玩，去一下理发店……否则会变老的！

海洋之星
鲨鱼罗伯特
再次来袭

邦比和高里

发出臭味的飞船

文本与绘图：玛丽·诺维昂

过了一会儿……
好了吗？你完事没？我都感到无聊了……
没有呢！这些破盒子很滑！实在是太讨厌了！
我觉得这些盒子很棒啊！我过生日的时候可能也要订一些……
哇哦！你的飞船太好看了！
这不是千年隼嘛……
哈，你认出来了呀？
你的飞船发出了臭味……
我说真的呢……
嘿，行了！
嘿！够了！你真是太坏了！
味道真的很难闻。而且你也难闻。
我是为你好才告诉你的……
真的有臭味！是不是哪个盒子漏了？
哎呀！你的飞船是大蒜做的！
啊！
而且你也是，你闻起来就是一头大蒜！
你和你的飞船闻起来都是臭臭的沙丁鱼味！哈哈哈！
嗯，行了，我现在知道了！
我都是为了你好呀……
我怕你不明白。
完

岛上的鲁滨逊·克鲁索

文本：樊尚·雅多 绘图：塞维里·米耶

28年2个月零19天，这是海难幸存者鲁滨逊·克鲁索在孤岛上度过的时间。

这位大英雄在岛上的时候，几乎没有剪过胡子，所以胡子长得吓人。鲁滨逊·克鲁索是丹尼尔·笛福笔下的人物。这个故事并不是完全由作家杜撰出来的，作家的灵感来源于水手亚历山大·塞尔扣克（1676—1721年）的遭遇：他在距离智利海岸约700公里的马斯地岛上，独自生活了4年多！

1704年，塞尔扣克所在的“大公号”在海上追踪、监视着西班牙的一艘船只。

一天，他向船长报告说在经历了动荡的海上行动之后，船只损坏严重，于是他们停靠在了马斯地岛上，想稍作整顿。塞尔扣克说如果船没有修好的话，他就拒绝再次出海，于是船长下令将这头“犟驴”独自留在岛上，任其自生自灭。于是，固执的水手塞尔扣克就留在了这座岛上，这座岛长19公里。他身边有一些火药粉和烟草，还有一把猎枪、一把斧头、一把刀、一本《圣经》、一个水壶。

由于倔强的个性，他为自己“赢得了”这次不得已的假期。

也恰恰是这种性格挽救了他的生命。因为“大公号”在重新出海几天后，整个船队的人就都在海难中丧生了。

可塞尔扣克却没有鲁滨逊的运气：他从来没遇见过野人，既没遇见过星期五，也没遇见过星期六，他就没遇见过任何一个名字中有“星期”的人。

但他也从来没有像小说中的鲁滨逊一样被缺少晚餐的食人族追赶。只有老鼠在夜间的时候跑到他的简易帐篷里啃咬他的脚趾。于是，他决定养几只野猫，来对付这些没有教养又贪吃的老鼠。

1709年2月，伍兹·罗杰斯船长的船偶然在马斯地岛靠岸，这才发现了塞尔扣克，他那时刚好度过了1500多天的“免费旅行”！之后的几年，塞尔扣克都是在海上度过的，他再也没有回到过这座岛屿。后来丹尼尔·笛福将他的经历改编成小说，并获得了巨大成功。1966年，这座岛屿被改名为鲁滨逊·克鲁索岛。

■ 游戏1 ■

收集盒子

绘图：奥赫·布迪

索齐奇是乔治的表姐，她喜欢收集沙丁鱼盒子，已经收集10多年了。

A. 下页展示的图片是她的一部分收藏。仔细观察盒子，回答下面的问题：

1. 所有的沙丁鱼在制作时都使用了油。

☐ 对 ☐ 错

2. 有4盒沙丁鱼在制作时使用了橄榄油。

☐ 对 ☐ 错

3. 所有盒子上的沙丁鱼加起来总共有15条。

☐ 对 ☐ 错

4. “沙丁鱼”这个词，出现了7次。

☐ 对 ☐ 错

5. 其中有一盒沙丁鱼的生产日期是1885年，但是它的保质期一直到2036年。

☐ 对 ☐ 错

6. 至少有5个盒子是矩形的。

☐ 对 ☐ 错

B. 索齐奇告诉乔治，她和朋友们在收藏不同的物品，将下图中的拼音密码破解出来，写出索齐奇和她的朋友们收藏的物品的名字吧。

索齐奇

毛里斯

索尼娅

罗曼

索齐奇收藏的是：

……………………………………

毛里斯收藏的是：

……………………………………

索尼娅收藏的是：

……………………………………

罗曼收藏的是：

……………………………………

8条巧克力
愚人节
沙丁鱼
愚人节

沙丁鱼
葵花籽油
无骨
渔夫马丁父子牌

威尔达·拉希德
花生油沙丁鱼，6条装

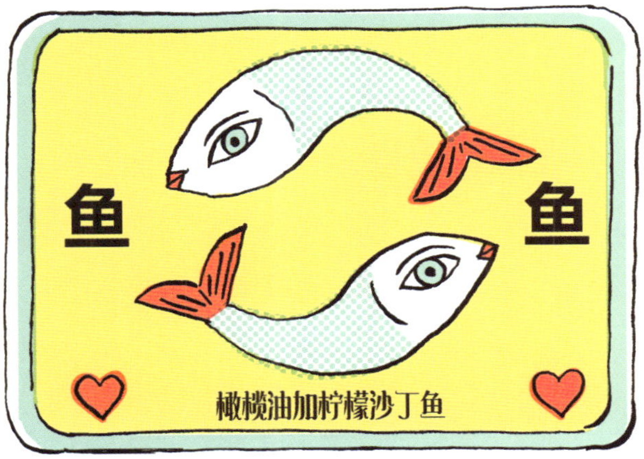
鱼
鱼
橄榄油加柠檬沙丁鱼

无骨沙丁鱼
橄榄油 柠檬
小船牌

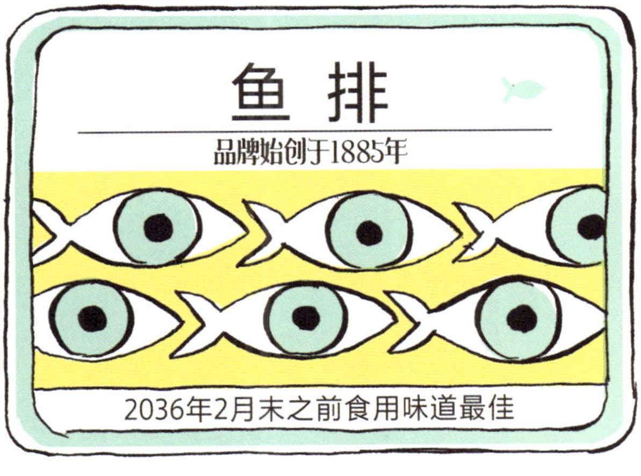
鱼排
品牌始创于1885年
2036年2月末之前食用味道最佳

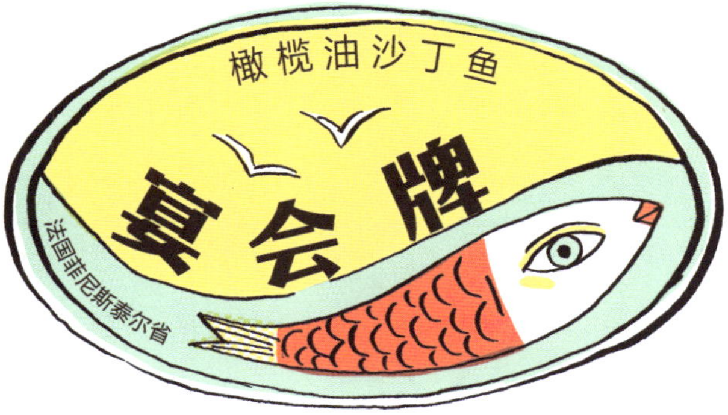
橄榄油沙丁鱼
宴会牌
法国菲尼斯泰尔省

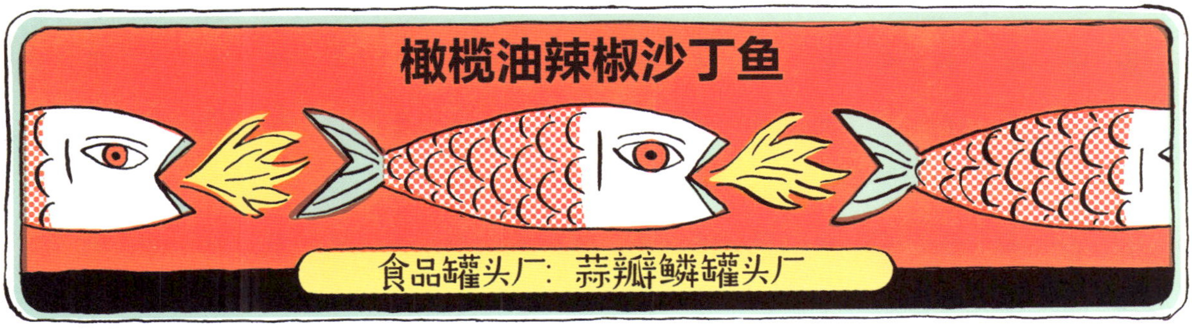
橄榄油辣椒沙丁鱼
食品罐头厂：蒜瓣辟鳞罐头厂

■ 游戏2 ■

画画沙丁鱼

绘图：斯特凡妮 · 拉纳

下图中的沙丁鱼，它们的鱼鳞呈几何对称。

按照对称的方式，依照红线左侧部分将右侧部分画好，然后为它们涂色。

游戏3

叮！手工时间到了！

设计者：让-大卫 · 曼斯鲁

小朋友们，

一起来动手玩一玩吧！

这里有两条漂亮的沙丁鱼，你可以进行制作！

所需材料：

一把剪子和一管胶水。

A. 将沙丁鱼的纸模沿着边缘剪下来。

B. 用剪刀在灰色区域A、B、C、D旁边，沿着黄色的线，分别剪出一道缝儿。

C. 将灰色区域A到F折叠起来。

D. 沿着虚线将沙丁鱼的各个部分（头和身体）折叠好。

E. 在灰色区域A上涂上胶水，然后将沙丁鱼的左半部分头粘在上面。重复一遍这个过程，在灰色区域B上涂上胶水，然后将沙丁鱼的右半部分头粘在上面。

F. 在灰色区域E上面涂上胶水，然后将沙丁鱼的头粘连起来。

G. 在灰色区域C上面涂上胶水，然后将左侧的尾巴粘在上面。重复一遍这个过程，在灰色区域D上面涂上胶水，然后将沙丁鱼右侧的尾巴粘在上面。

H. 在灰色区域F上涂上胶水，然后将沙丁鱼的尾巴粘在一起。这样就大功告成了！

I. 重复上述操作，制作第二条沙丁鱼。

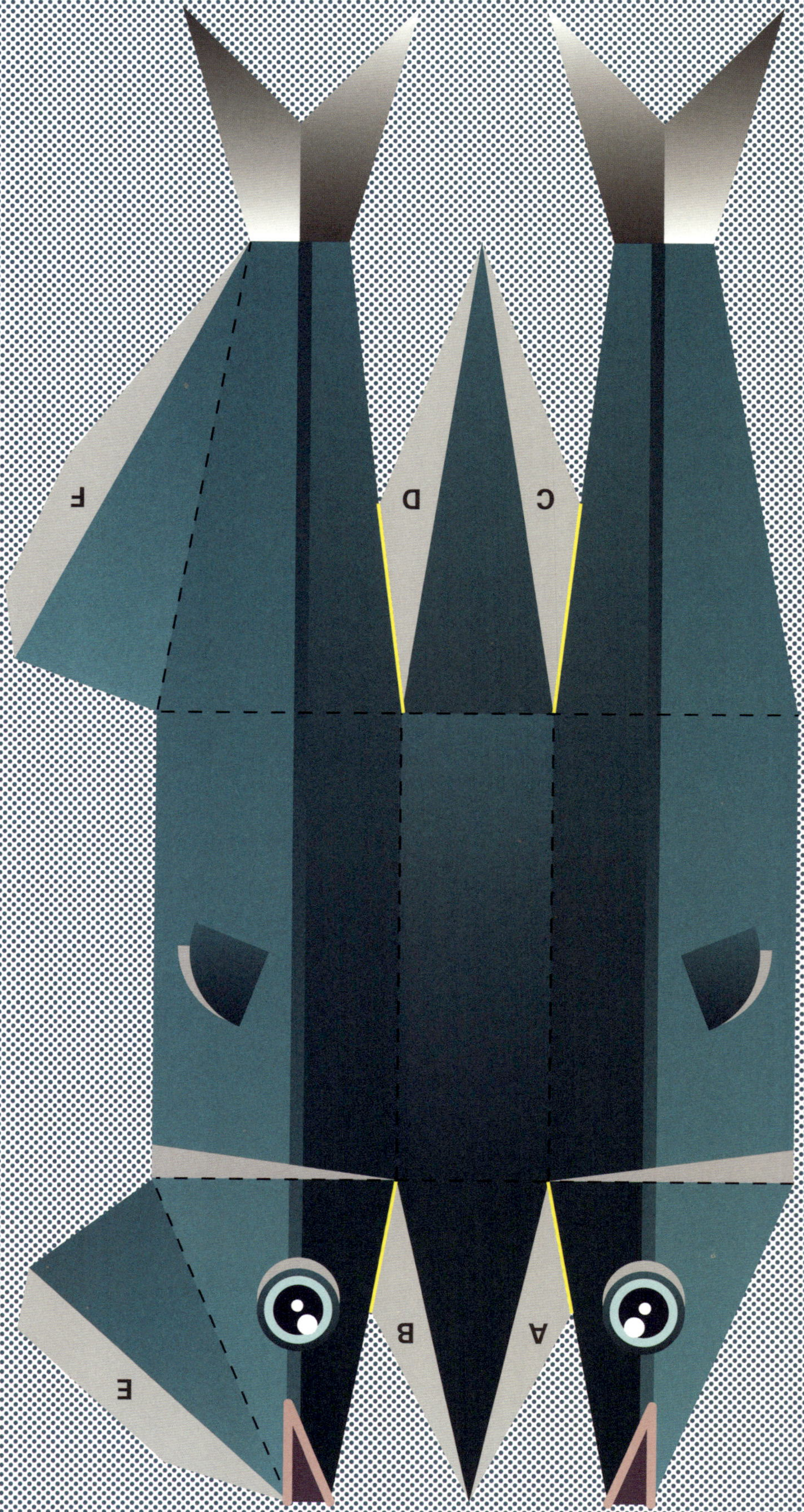

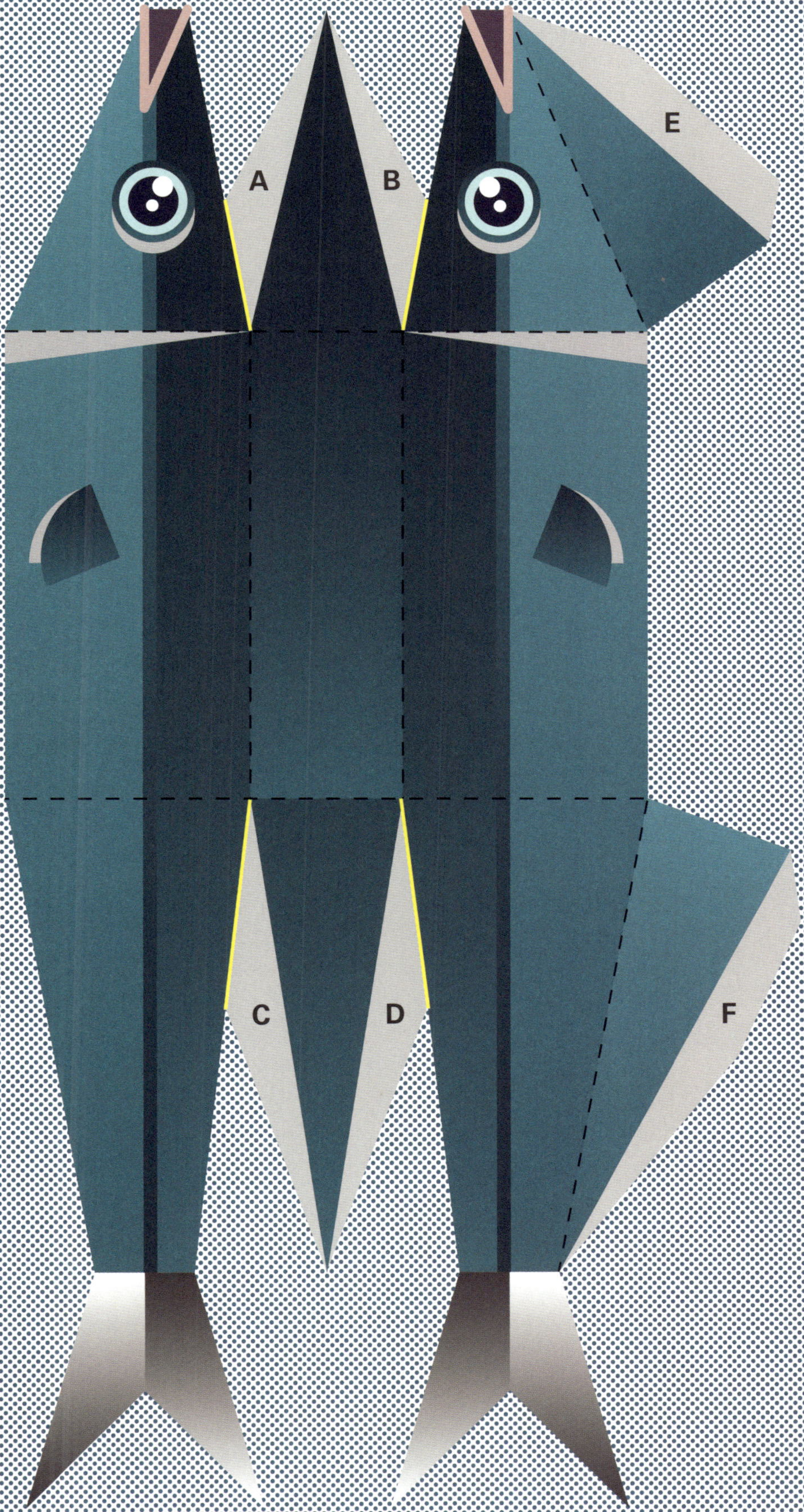
A
B
E
C
D
F

小朋友们，

继续游戏吧！

■ **游戏4** ■

咬住鱼钩

绘图：斯特凡妮·拉纳

乔治买面包的那个面包店的老板娘说的话里经常会有一些和鱼有关的成语或俗语。

乔治不是每个句子都能听懂。请根据语境，找到面包店老板娘所使用的成语或俗语。

1. 它肯定跑不掉，它就是我的________。

2. 我终于抓住它了，这条________。

3. 一群顾客________，有十来个人。

4. 这可真是城门失火，________。

5. 他________，拿了两个面包。

■ 游戏5 ■

成群结队

绘图：米格吕克

有一天，乔治读了一篇关于沙丁鱼的报道，报道上说沙丁鱼喜欢成群结队活动，而且它们组成的队形是一个圆形。

A. 左右两幅图中，有12个不同之处，请一一将它们找出来。

B. 沙丁鱼是很多人的食物，但是什么是沙丁鱼的食物呢？从以下选项中选出一个正确的答案：

☐ 鲨鱼 ☐ 橄榄油 ☐ 热狗

☐ 浮游生物 ☐ 海星

■ 游戏6 ■

帮姑姑走迷宫

绘图：瓦西姆 · 布塔莱博

乔治的姑姑很喜欢野营，但是有一天，她去野营的时候，忘记带支帐篷用的地钉了。

A. 现在乔治的姑姑借到了地钉，请帮助她回到她的帐篷吧。

B. 在图中找到7个不正常的地方。

■ **游戏7** ■

沙丁鱼堵塞了马赛港

绘图：米楚卡斯·德赞

乔治在假期时听到有人说“沙丁鱼堵塞了马赛港”。他以前从来没有听过这种说法，因此他开始去寻找这个说法的起源……

A. 要想了解这个故事，就把下面的句子按照正确的顺序进行排序吧。

A — 时间一点点过去，大家一直在讲述这个故事，一些人将故事进行了改编，然后言之凿凿地说是沙丁鱼堵塞了马赛港……

B — 有一段时间，“沙丁鱼号”的残骸使得其他船只无法靠岸。

C — “沙丁鱼号”遭受了好几次炮袭后，试图在马赛港靠岸。

D — 1780年5月19日，一艘名为“沙丁鱼号”的船只被一艘驱逐舰击中。

E — 今天，当我们描述一件事情，说它就像是“沙丁鱼堵塞了马赛港”的时候，是指这件事是捕风捉影，讲述事情的人夸大其词了。

F — 船只在进入老港口的时候搁浅了。

B. 下面的四幅图都是左侧大图的翻版。请你仔细观察，在每幅小图中找出与大图的一个不同之处。

a

b

c

d

C. 乔治给西蒙娜写了一封信，在信中你可以看到，他对自己假期生活中的一些细节有所夸大……将你认为难以置信的地方画出来。

亲爱的西蒙娜：

我在马赛的旅行很快就要结束了，马赛的天气非常热，即使是阴凉的地方也至少有120℃。这里的特色菜叫作马赛鱼汤，这道鱼汤以1000多种类型的鱼为原材料。这道鱼汤真的是太美味了，我每隔两个小时就喝一次，连夜里也不例外。喝了鱼汤之后，我有时候会感到口渴，这时候我就拿起一根吸管，将我朋友泳池里的水喝光。我的肚子胀得厉害，一刮风，我就像一个热气球一样飞起来了。

祝你一切安好。

乔治

附言：你知道吗？有一条沙丁鱼堵塞了马赛的港口。

■ 游戏8 ■

新鲜的鱼

绘图：安娜-莉兹·布丹

有一天，乔治和西蒙娜经过一个卖海鲜的摊位，他们买了一些东西，在结账之前，他们想自己先计算一下……

A. 仔细观察标签，然后选出正确的答案：

a. 3千克贻贝和1千克卵鳎鱼的价格相比：☐ 更贵　☐ 等价　☐ 更便宜

b. 1千克大虾和2千克滨螺的价格相比：☐ 更贵　☐ 等价　☐ 更便宜

c. 1千克金枪鱼和1千克卵鳎鱼的重量相比：☐ 更沉　☐ 等重　☐ 更轻

d. 5千克大虾和1千克扇贝的价格相比：☐ 更贵　☐ 等价　☐ 更便宜

e. 1千克鳐鱼和4千克螃蟹的价格相比：☐ 更贵　☐ 等价　☐ 更便宜

f. 4千克沙丁鱼和1千克箭鱼的价格相比：☐ 更贵　☐ 等价　☐ 更便宜

g. 1千克大虾和半千克沙丁鱼的价格相比：☐ 更贵　☐ 等价　☐ 更便宜

B. 在右图中，找出下面的词语：

- 滨螺
- 龙虾
- 蛾螺
- 鲭鱼
- 鱿鱼
- 贻贝
- 扇贝
- 文蛤
- 螃蟹
- 鳐鱼
- 大虾
- 岩鱼
- 箭鱼
- 沙丁鱼
- 螯虾
- 牡蛎
- 金枪鱼

鳐	文	贝	岩	鱼	螺
鱼	蛤	螯	龙	沙	金
牡	蛎	虾	虾	丁	枪
箭	鱼	牡	金	鱼	鱼
大	虾	鱿	螃	贻	滨
蛾	螺	鱼	蟹	贝	螺
扇	贝	龙	贝	鲭	鱼

C. 在下面的四幅图中，哪一幅图的方向和大图相比是反的？

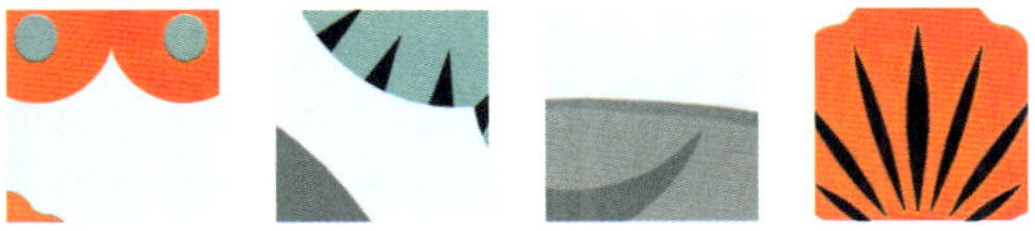

1　2　3　4

水手

文本：樊尚·雅多 绘图：斯特凡妮·拉纳

尽管乔治参与过海战，但是他还是晕船。能够在陆地上与水手托马斯见面，让他大大地松了一口气！

你小时候梦想的职业是什么呢？

托马斯 我小时候的梦想是当一个农场主……奶牛、拖拉机、大自然，这一切都让我着迷。

你从什么时候开始与大海结缘？

托马斯 我家以前就在大洋边，因此我是在海边长大的。我十四岁的时候开始出海。我们一直航行到了公海！

你小时候喜欢海盗吗？

托马斯 我很喜欢阅读与海盗相关的冒险故事。我也读登山故事，比如《登山组的领队人》。山和大海都深深地吸引着我。不论是登山运动员还是水手，我们都会遇到比自身更强大的事物。我很早就意识到应该尊重大海，也应该尊重大山。

能讲一下你的经历吗？

托马斯 我很年轻的时候，就开始做运送船只的工作。我还会带坐豪华游轮旅行的人体验乘小帆船出海。我在美国参加了很多团队帆船竞赛……我还参与过商船活动。我在海洋上学到了很多。

你喜欢水手生活中的哪些方面呢？

托马斯 我喜欢旅游的感觉：时而在巴拿马停留，时而在大洋上的星空下过夜……这个职业还可以让我认识很多遥远国家的人。

去遥远的国家，是不是就是你在这个职业中最喜欢的事呢？

托马斯 也不完全是。当我们迎着巨大的海浪，从布列塔尼港口出发，经历的很多时刻都让人难以忘怀。

你认为什么是冒险？

托马斯 我觉得乘船去奥莱龙岛或是去地球的另一端，都是冒险。面对着大海的时候，每次经历都充满了危险和神奇。

你有后悔的事情吗？

托马斯 没有，只是对于水手来说，很难处理家庭生活。

你对孩子们有什么建议吗？

托马斯 当你对自己的梦想非常笃定的时候，你可要警惕了（托马斯的脸上挂上了一丝微笑），因为这些梦想会实现的！

阿拉伯语

绘图：斯特凡妮 · 拉纳

阿拉伯语是埃及、苏丹、利比亚等多个国家和地区的国语或官方语言。这里乔治为你提供了一个小练习，让你了解阿拉伯语的书法艺术。

知识点！ ⇨
- 阿拉伯语的字母表包括28个辅音字母。
- 阿拉伯语的书写顺序是从右到左。

明白了吗？

A. 抄写下面的名词。（不要忘记阿拉伯语的书写顺序是从右到左）

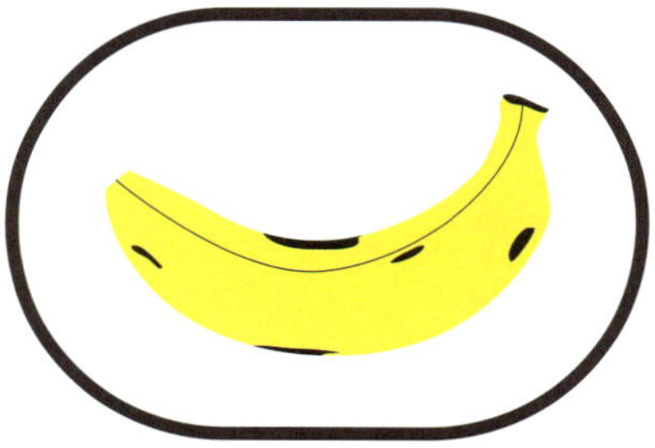

موز

香蕉

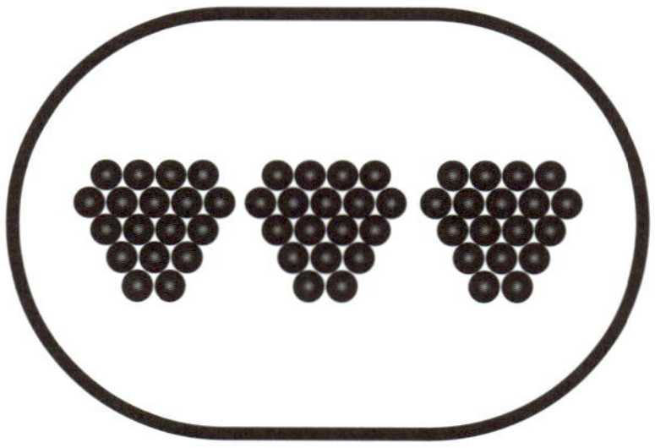

توت

桑葚

برتقال

橙子

خوخة

李子

مشمش

杏子

عنب

葡萄

B. 在右面的句子中将上面的这些词找出来，并进行区分。（答案在46页）

عنبموزتوتخوخةبرتقالمشمش

هل تريد قليلا من الشاي ؟

您想喝一点儿茶吗?

潜水艇

绘图：斯特凡妮 · 拉纳

今天，在实验室，乔治邀请你来扮演尼摩船长，并制作一艘潜水艇——一艘可以航行的船，但是它不是在水面上航行，而是在水下！

所需材料：

· 一个透明的塑料瓶子
· 一个脸盆
· 橡胶薄膜做成的气球
· 一大截透明管，不要太厚（或者一根大吸管）
· 一些塑料小球（或者其他可以装进瓶子里的东西）
· 胶带
· 一把剪刀

实验方法：

1. 将塑料瓶水平放置，让一个成年人用剪刀尖在瓶子的上下各打一个孔。

2. 将管子的一头放进气球的接口处（如果你没有找到管子的话，你可以试着使用一根大吸管，但是这样的话操作起来会不太方便）。为了使气球与管子连接紧密，在气球接口处缠上一圈胶带。

3. 将塑料小球和气球一起放进瓶子中。

4. 在脸盆中装满水。将瓶子放入脸盆中，同时使管子的一头伸出水面。使瓶子稍稍倾斜，让水可以进入瓶子里。

5. 当瓶子到达脸盆的深处时，向管子吹气，将气球吹起来……

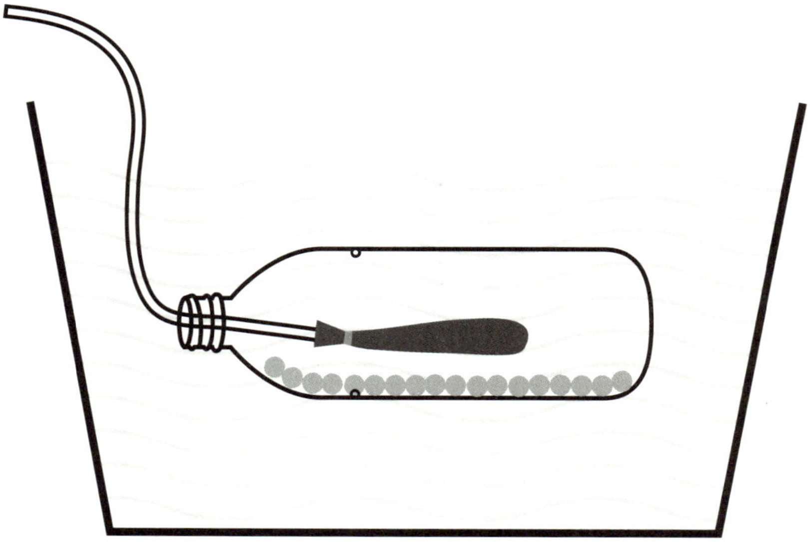

实验结果：

在吹气之前，瓶子里装满了水，因此会下沉。当你向管子里吹气时，气球就鼓了起来，将瓶子里的水挤了出去，瓶子就变轻了，因此可以重新漂在水面上。

想要使潜水艇待在水下，需要将潜水艇的船舱装满水。要想让潜水艇重新回到水面，要将空气吹入船舱，将里面的水挤出来。

海盗双雄

绘图：斯特凡妮 · 拉纳

小读者们，为了继续探讨关于水手的主题，乔治给大家创造了一个扮演海盗的机会！下面是乔治 · 雪曼拍摄的电影《海盗双雄》中的一幕。

故事：

18世纪初，一个英国官员需要执行一项任务：潜入驻扎在马达加斯加岛上的海盗团伙内部。

人物：

- 洛克 · 巴西利亚诺船长，他是海岛上的海盗
- 普鲁恩登斯 · 史蒂文斯，人称“旋风”，也是岛上的海盗船长
- 布莱恩 · 霍克，中尉军官，被大家认为是一个叛逃分子
- 琼斯与哈里斯，他们是霍克身边的人，负责协助霍克完成任务
- 海上的其他几个海盗

开演了！

巴西利亚诺船长和“旋风”船长刚刚吵架了，因为巴西利亚诺船长向“旋风”示好，但遭到了对方的拒绝。忽然，海盗们进来呼叫巴西利亚诺船长，因为他们发现一个载有三个男人的船只刚刚停靠在了岛上。

对话：

一个海盗：

巴西利亚诺船长！（巴西利亚诺船长和“旋风”走上前）他们乘着小船靠岸的时候，我将他们给逮住了。

巴西利亚诺船长：

你们有什么要说的？

布莱恩 · 霍克：

我们是逃兵。我们之前在印度公司的“季风”号上服役。

（朝向“旋风”）夫人，布莱恩 · 霍克愿意做您忠实的仆人。（同时，他介绍了他的两个同伴）这是琼斯，他是一名水手；这是哈里斯，他是第二炮手。

巴西利亚诺船长：

逃兵啊？那你们到这里来干什么？

布莱恩 · 霍克：

我们想要加入你们高贵的海盗团队。

巴西利亚诺船长：

你们是……你们是军官吗？

布莱恩 · 霍克：

（走向“旋风”）请您原谅我们的着装，我们的小船在海上漂了一周。夫人，我以我的名誉向您发誓，如果我知道我会遇见一位像您一样的人，我一定会随身带一个仆人的。

旋风：

（笑了起来）我自己的穿着也不太适合迎接你们这样的贵客……

巴西利亚诺船长：

（他妒火中烧，拉过了霍克的胳膊）该死的！我问你话呢，你们是不是军官？！

布莱恩 · 霍克：

只要稍微有一点洞察力，这个问题还用问吗？

巴西利亚诺船长：

（愤怒不已）什么？！

琼斯：

（为了避免形势恶化）是的，我们是中尉军官，先生。但是这是之前的事情了，在我们被抽了二十鞭子，并被免职之后，我们已经不是军官了。

哈里斯：

他与一名乘客发生了口角。

旋风：

嗯……一名乘客，是吗？

巴西利亚诺船长：

（朝向霍克）您的样子不太合我的眼缘。

布莱恩 · 霍克：

您对我说了心里话，那我也对您说说我的心里话吧，您的样子也不是很合我的眼缘。

巴西利亚诺船长：

小子，说话小心点，否则我会让你把嘴闭上的！老远我就闻到你身上的间谍味儿了……（对着琼斯说道）他能够为你担保吗？

琼斯：

呃，不能，先生。我们是因为偷了朗姆酒才被关进监狱里的。我们是在监狱里认识的。

巴西利亚诺船长：

（异常气愤）把他们关进监狱里，在海岸上的船长们将会对他们进行审讯！

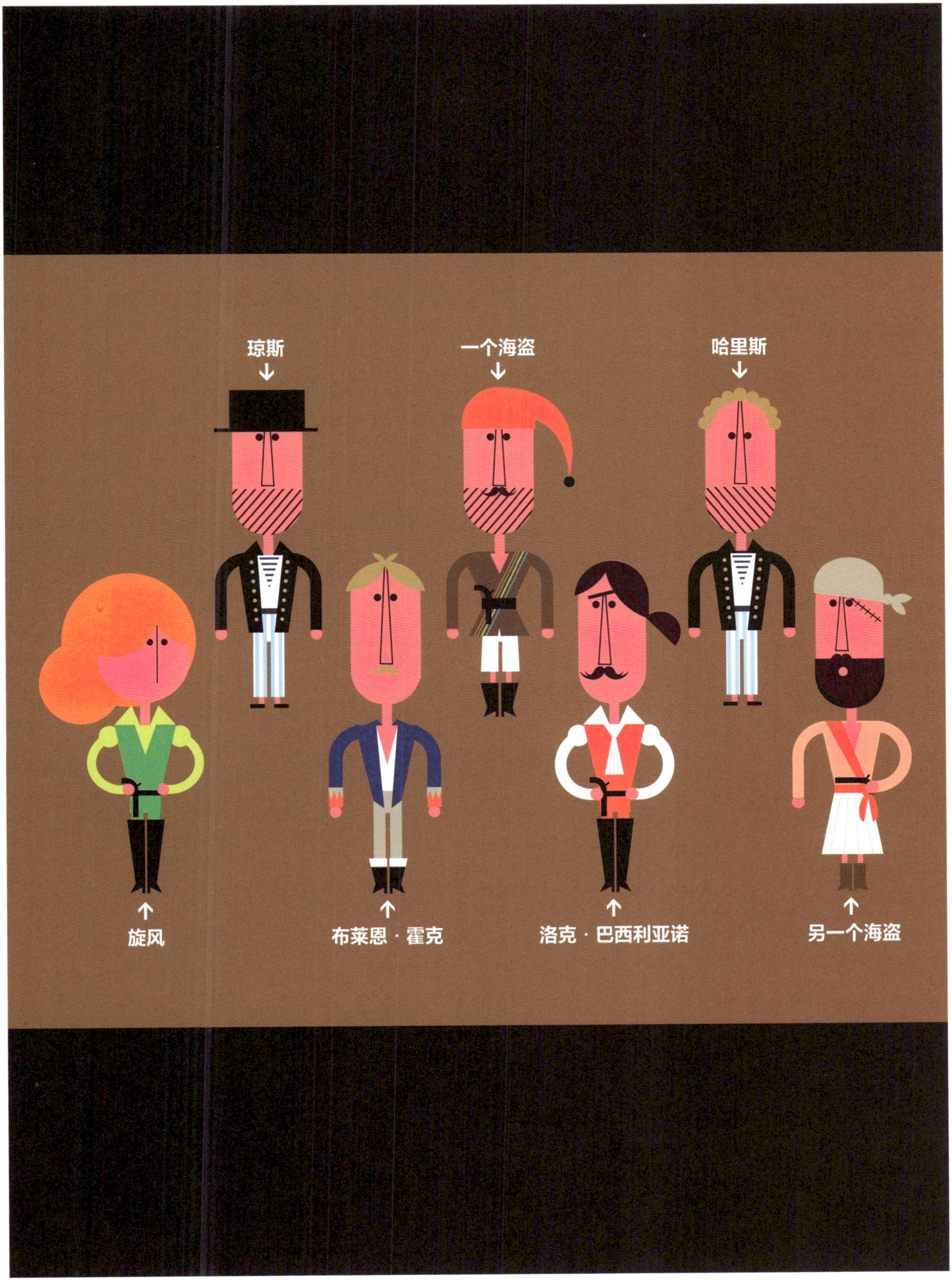
琼斯
一个海盗
哈里斯
旋风
布莱恩 · 霍克
洛克 · 巴西利亚诺
另一个海盗

■ 手工创意坊 ■

奇怪的鸭子

绘图：斯特凡妮 · 拉纳

在本书的末尾，我们来玩一个游戏，学一下如何让奇怪的鸭子咬钩。

制作鱼竿需要准备的材料：

- 一根树枝，不要太粗
- 约50厘米长的细绳
- 胶水
- 一个大回形针

制作鸭子需要准备的材料：

- 10个干净的空酸奶杯，最好颜色各异。
- 铁丝
- 彩笔或小纸片
- 一根粗针

鱼竿的制作说明：

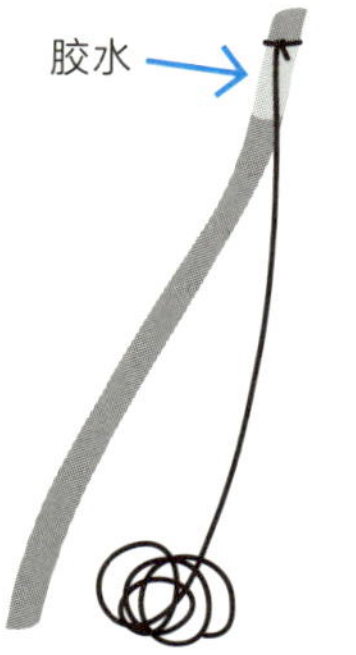

1. 将细绳的一端与树枝的一头绑在一起。让一个成年人帮忙在绳下面的树枝上，涂上4厘米左右的胶水。

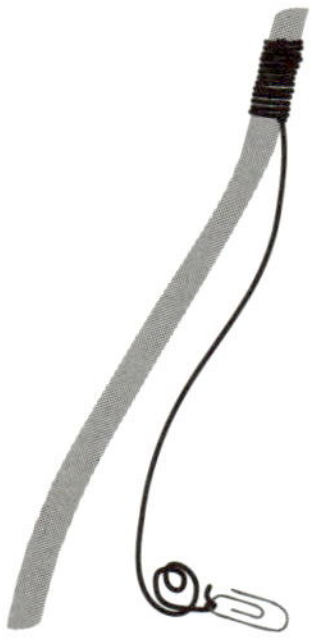

2. 在树枝上涂了胶水的部分缠上细绳，然后再打个结。将回形针系在绳的另一端。

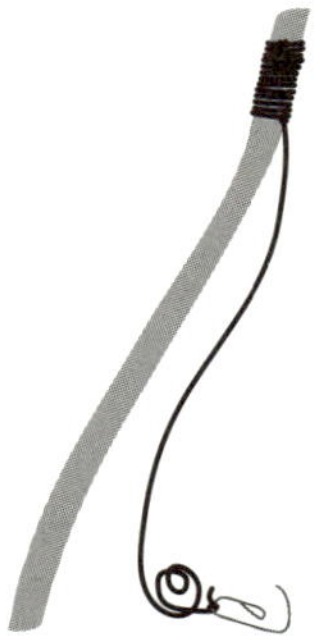

3. 将回形针弯曲成鱼钩的形状。

鸭子的制作说明：

1. 将所有的酸奶杯倒着放置，用粗针（或者让成年人使用小刀）在每个酸奶杯顶部的中央挖两个小孔。两个孔的距离不要过远（大概间距1.5厘米）。
2. 用一小截铁丝（约10厘米）穿过两个小孔，形成一个环形，然后在酸奶杯里面，将铁丝的两端拧在一起。
3. 用彩笔或者小纸片装饰鸭子，要使鸭子看起来各不相同。

适用于2～4个玩家的游戏规则：

1. 10只鸭子每只值10分。
2. 其中5只鸭子额外被标注了特殊情况，分别为“+10分”“+20分”“+50分”“－30分”“可恶的小鸭子”。在10张小纸片上，写下一些关于鸭子特点的话（比如“三瓣嘴黑鸭子”“戴着太阳镜的黄鸭子”“晕船的鸭子”），将纸片折叠起来。然后抽出5张小纸片，将它们分别放在被特殊标记的5只鸭子中。这样游戏就可以开始了。
3. 一局游戏结束的时候，每个人分别数一下自己钓上来多少只鸭子，并计分。此时大家将纸片打开。比如：如果标注着“+10分”的杯子里的纸片上写着“戴着太阳镜的黄鸭子”，钓到了这只鸭子的玩家就可以另加10分。以此类推。钓到了“可恶的小鸭子”的玩家，则立刻输掉这场游戏。

游戏答案

这就是封面和封底的

7个不同之处：

游戏1 收集盒子

A. 1. 错；2. 对；3. 错；4. 对；5. 错；6. 对。

B. 索齐奇收藏的是沙丁鱼盒子（SHADINGYUHEZI），毛里斯收藏的是帽子（MAOZI），索尼娅收藏的是卷笔刀（JUANBIDAO），罗曼收藏的是梳子（SHUZI）。

游戏4 咬住鱼钩

1. 网中之鱼；2. 漏网之鱼；3. 鱼贯而入；4. 殃及池鱼；5. 浑水摸鱼。

游戏5 成群结队

A. 见右图。

B. 浮游生物。

游戏6 帮姑姑走迷宫

A题与B题参考答案见下图。

游戏7 沙丁鱼堵塞了马赛港

A. D，C，F，B，A，E。

B. a

b

c

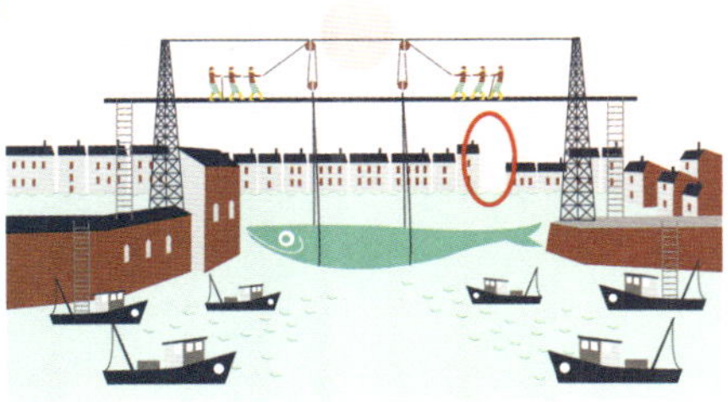

d

C.应画出来的内容有“即使是阴凉的地方也至少有120℃”“以1000多种类型的鱼为原材料”“每隔两个小时……连夜里也不例外”“我就拿起一根吸管，将我朋友泳池里的水喝光”“我就像一个热气球一样飞起来了”“有一条沙丁鱼堵塞了马赛的港口”。

游戏8 新鲜的鱼

A. a. 更便宜；b. 等价；c. 等重；d. 更贵；e. 更便宜；f. 更便宜；g. 更贵。

B.见下图。

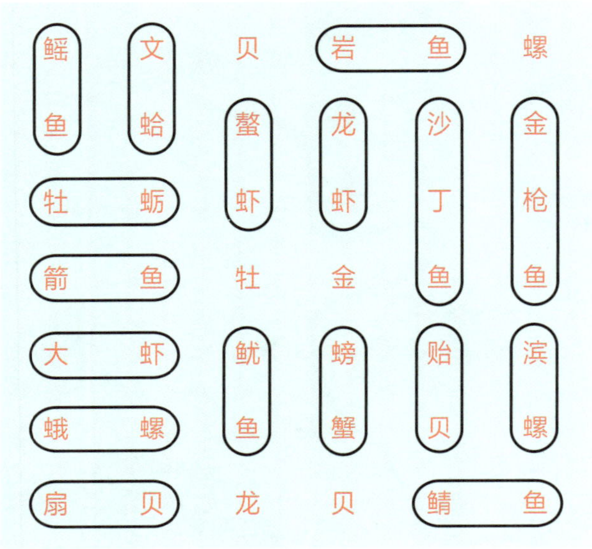

C.第3幅图。

语言研究所 阿拉伯语

مشمش	برتقال	خوخة	توت	موز	عنب
杏子	橙子	李子	桑葚	香蕉	葡萄

真是令人大开眼界呀！

03 流行音乐

[法]安娜－贝内迪克特·施维贝尔 编　欧瑜 译

中信出版集团 | 北京

图书在版编目（CIP）数据

真是令人大开眼界呀！. 03, 流行音乐 / (法) 安娜 - 贝内迪克特 · 施维贝尔编 ; 欧瑜译 . -- 北京 : 中信出版社 , 2023.11

ISBN 978-7-5217-5850-4

Ⅰ . ①真… Ⅱ . ①安… ②欧… Ⅲ . ①科学知识 - 儿童读物②通俗音乐 - 儿童读物 Ⅳ . ① Z228.1 ② J60-49

中国国家版本馆 CIP 数据核字（2023）第 120166 号

真是令人大开眼界呀！ 03 流行音乐

编　　者：[法] 安娜 - 贝内迪克特 · 施维贝尔
译　　者：欧瑜
出版发行：中信出版集团股份有限公司
（北京市朝阳区东三环北路27号嘉铭中心　邮编　100020）
承 印 者：北京尚唐印刷包装有限公司

开　　本：889mm × 1194mm　1/16　　印　　张：2.75　　字　　数：69千字
版　　次：2023年11月第1版　　印　　次：2023年11月第1次印刷
京权图字：01-2023-1613
书　　号：ISBN 978-7-5217-5850-4
定　　价：398.00元（全20册）

出　　品：中信儿童书店
图书策划：小飞马童书
总 策 划：赵媛媛
策划编辑：白雪
责任编辑：许美琳
营　　销：中信童书营销中心
美术设计：谢佳静
内文排版：王莹